BEI GRIN MACHT SICH IHR WISSEN BEZAHLT

- Wir veröffentlichen Ihre Hausarbeit,
  Bachelor- und Masterarbeit

- Ihr eigenes eBook und Buch -
  weltweit in allen wichtigen Shops

- Verdienen Sie an jedem Verkauf

Jetzt bei www.GRIN.com hochladen
und kostenlos publizieren

GRIN ☺

Markus Englisch

Zur Unterrichtseinheit Differenzialrechnung: Oberflächenminimierung zylinderförmiger Behälter bei vorgegebenem Volumen

GRIN Verlag

Bibliografische Information der Deutschen Nationalbibliothek:

Die Deutsche Bibliothek verzeichnet diese Publikation in der Deutschen National-bibliografie; detaillierte bibliografische Daten sind im Internet über http://dnb.d-nb.de/ abrufbar.

Impressum:

Copyright © 2003 GRIN Verlag GmbH
Druck und Bindung: Books on Demand GmbH, Norderstedt Germany
ISBN: 978-3-638-67108-8

Dieses Buch bei GRIN:

http://www.grin.com/de/e-book/66017/zur-unterrichtseinheit-differenzialrechnung-oberflaechenminimierung-zylinderfoermiger

GRIN - Your knowledge has value

Der GRIN Verlag publiziert seit 1998 wissenschaftliche Arbeiten von Studenten, Hochschullehrern und anderen Akademikern als eBook und gedrucktes Buch. Die Verlagswebsite www.grin.com ist die ideale Plattform zur Veröffentlichung von Hausarbeiten, Abschlussarbeiten, wissenschaftlichen Aufsätzen, Dissertationen und Fachbüchern.

Besuchen Sie uns im Internet:

http://www.grin.com/

http://www.facebook.com/grincom

http://www.twitter.com/grin_com

Entwurf zur Lehrprobe im Fach Mathematik

von Markus Englisch

Thema der Unterrichtseinheit:

Differentialrechnung

Thema der Unterrichtsstunde:

Oberflächenminimierung zylinderförmiger Behälter

bei vorgegebenem Volumen

Schulform: Fachoberschule

Klasse: 12 G/A (Gesundheit/Agrar)

Datum: 17.2.2003

Zeit: 3./4. Stunde (9.30 – 11.00 Uhr)

Inhalt:

1. Analyse der pädagogischen Situation

Ich unterrichte die Klasse FO 12 G/A seit den Herbstferien im Fach Mathematik. Der Unterricht findet montags in der 3. und 4. Unterrichtsstunde im Raum O13b und dienstags in der 5. und 6. Unterrichtsstunde im Raum P7 statt. Aufgrund ihrer zeitlichen Lage bieten sich die Montagsstunden zur Erarbeitung neuer Sachverhalte an, während die Dienstagsstunden häufig zum Üben genutzt werden. Die Klasse der einjährigen Fachoberschule, die bzgl. der Fachrichtung zweigeteilt ist, besteht aus 18 Schülerinnen und Schülern[1] (10 Mädchen, 8 Jungen). Sechs der acht Jungen haben als Fachrichtung Agrar, die anderen beiden und die Mädchen Gesundheit gewählt. Trotz der heterogenen Zusammensetzung hat sich eine gute Klassengemeinschaft entwickelt, in der man aufeinander Rücksicht nimmt und sich gegenseitig weiterhilft. Die Arbeitsatmosphäre kann als angenehm, angstfrei und konstruktiv bezeichnet werden. Die Schüler sind diszipliniert, gehen freundlich miteinander um und nehmen die Beiträge von Mitschülern ernst. Ich unterrichte gerne in dieser Klasse, fühle mich als Lehrer akzeptiert und habe ein gutes Verhältnis zu den Schülern, was sich u.a. in einem freundlichen Umgangston und darin zeigt, dass die Schüler keine Hemmungen haben, im und nach dem Unterricht Fragen zu stellen.

Die Vorerfahrungen der Schüler mit dem Fach „Mathematik" waren z.T. sehr verschieden. Während einige Schüler dem Fach gegenüber aufgeschlossen waren, hatten andere Vorbehalte und waren aufgrund der während ihrer Schulzeit erlebten mathematischen Misserfolge und der damit verbundenen Zweifel an ihrem Leistungsvermögen im Unterrichtsgespräch zunächst zurückhaltend. Das Selbstbewusstsein letzterer Gruppe versuche ich durch positive Rückmeldung und Bestätigung schrittweise wieder aufzubauen, was mittlerweile in Verbindung mit der angstfreien Atmosphäre auch die ersten Erfolge zeigt. So bringen sich nun auch schwächere und ruhigere Schüler entsprechend ihrer Fähigkeiten ein. Während der bisherigen Unterrichtszeit zeigte sich, dass viele Schüler nur noch vage und bruchstückhafte Erinnerungen an den Mittelstufenstoff haben. So konnten sie mit den bereits in den Klassen 8 bis 10 behandelten Funktionstypen (lineare und quadratische Funktionen) kaum noch etwas verbinden, so dass diese komplett neu erarbeitet werden mussten. Auch elementare Rechenregeln mussten an entsprechender Stelle wiederholt werden, um gleiche Lernvoraussetzungen zu schaffen.

Die Lerngruppe ist bezüglich des Leistungsvermögens[2] und des Arbeits- und Lerntempos heterogen und lässt sich in vier etwa gleich starke Gruppen einteilen. Die erste Gruppe arbeitet zügig und kann Probleme und Fragestellungen relativ schnell erfassen. Ein Schüler dieser Gruppe hat bereits die CTA-Ausbildung absolviert und verfügt dementsprechend gegenüber seinen Mitschülern über einen großen mathematischen Wissensvorsprung. Da er schon mit dem Gebiet der Differentialrechnung vertraut ist, weiß er auf Fragen oft unmittelbar eine Antwort. In einem Gespräch habe ich ihm seine guten Leistungen bestätigt, ihn aber gleichzeitig um Verständnis dafür gebeten, dass ich ihn nicht sofort aufrufe, um auch anderen Schülern die Möglichkeit zur Beteiligung und eigenständigen Erschließung des Lernstoffs zu geben. In Übungsphasen halte ich ihn dazu an, seinen Mitschülern behilflich zu sein. Eine zweite Gruppe ist mündlich etwas zurückhaltender. Die schriftlichen Leistungen liegen jedoch – bis auf eine Ausnahme – im befriedigenden Bereich und auf Aufforderung sind die Mitglieder durchaus bereit, sich ihren Klassenkameraden mitzuteilen. Eine dritte Gruppe ist insbesondere bei reproduzierenden Fragestellungen aktiv, während die verbleibenden vier

---

[1] Im Folgenden werde ich den Sammelbegriff „Schüler" statt „Schülerinnen und Schüler" verwenden.
[2] Dies äußert sich bei komplexeren Fragestellungen mit Transfercharakter und in den Erarbeitungsphasen.

Schüler dem Unterrichtsgeschehen nur langsamer folgen können und mehr Zeit zum Nachdenken benötigen, dann aber häufig auch zur richtigen Antwort gelangen. Um zu verhindern, dass diese Schüler entmutigt und demotiviert werden und dann nicht mehr mitdenken, schalte ich besonders bei komplexeren Problemstellungen eine Partnerarbeitsphase vor oder vermeide einen allzu schnellen Zugriff durch eine entsprechende Verlängerung der Bedenkzeit, wobei die Schüler auch in ihrem Heft nachschlagen und sich mit dem Tischnachbarn austauschen können. Somit können auch langsamere Schüler gründliche Überlegungen anstellen und zurückhaltendere Schüler haben die Möglichkeit, ihre Ideen vor der Diskussion im Plenum abzusichern, was sich in einer verstärkten Beteiligung widerspiegelt. Auch die auffassungsschnelleren Schüler werden hierbei – ähnlich wie bei den durchgeführten Gruppenarbeiten – sinnvoll eingebunden, da sie ihre Ideen für Mitschüler verständlich formulieren und zur Diskussion stellen müssen, was zum einen ihre Kommunikations- und Argumentationsfähigkeit aber auch die Teamfähigkeit fördert (*soziale Lernziele*). Um den Lernstoff auch den weniger abstrakt denkenden Schülern zugänglich zu machen, setze ich häufig entsprechendes Anschauungsmaterial ein. So versuche ich mathematische Sachverhalte durch den Einsatz von Overheadfolien oder mit Hilfe des graphikfähigen Taschenrechners TI 92 zu visualisieren. Das in der Klasse ausgeteilte Mathematikbuch [4] ist z.T. noch sehr fachsystematisch aufgebaut und wenig anwendungsorientiert. Daher arbeite ich nur wenig mit dem Buch und setze stattdessen im Unterricht häufig selbst gestaltete Arbeitsblätter ein.

Das Leistungsniveau der Klasse kann insgesamt als mittelmäßig eingestuft werden. Die Stärke der Lerngruppe liegt eher im reproduktiven Bereich, während Transferaufgaben vielen Schülern zunächst Schwierigkeiten bereiten. Die sonst gute und relativ breite Beteiligung sinkt in problemorientierten Unterrichtsphasen deutlich ab, weil es vielen Schülern noch schwer fällt, in größeren Zusammenhängen zu denken und eventuell abstrakte Überlegungen anzustellen. Außerdem lassen sie sich hierbei noch leicht verunsichern. Daher muss man vor allem bei Transferproblemen und der Erarbeitung neuer Sachverhalte entsprechende Hilfen einplanen und etwas kleinschrittiger vorgehen, um den Großteil der Klasse nicht zu überfordern. In solchen Phasen hat sich eine relativ enge Unterrichtsführung im Lehrer-Schüler-Gespräch bewährt.

In den zahlreichen Übungsphasen, die mir Aufschluss über das Verständnis des Stoffs bei den Schülern sowie die Möglichkeit zur individuellen Betreuung geben, haben die Schüler grundsätzlich die Möglichkeit, die Aufgaben in Partner- oder Gruppenarbeit zu erledigen, da die Auseinandersetzung mit dem Stoff beim gemeinsamen Diskutieren und Hinterfragen besonders intensiv ist. Auch Defizite in den Grundrechenfertigkeiten können so durch gegenseitige Hilfe abgebaut werden. Um die auffassungsschnelleren Schüler nicht zu unterfordern, biete ich im Sinne einer Differenzierung gelegentlich auch Zusatzaufgaben mit einem höheren Schwierigkeitsgrad an.

Einer teilweise noch vorhandenen Lehrerfixierung begegne ich dadurch, dass ich zunächst mehrere Beiträge sammle, ohne unmittelbar eine Rückmeldung bzw. Wertung zu geben und diese später im Plenum zur Diskussion stelle bzw. Frage von Schülerseite nicht selbst beantworte, sondern an die Klasse zurückgebe. Um die Selbständigkeit der Schüler zu fördern, halte ich sie in Gruppen- und Partnerarbeitsphasen dazu an, den Lehrer erst dann zu fragen, wenn sie auf anderem Wege nicht mehr weiterkommen. Mittlerweile tauschen sich die Schüler in den Übungsphasen verstärkt untereinander aus, so dass ich oft nur noch bei Fragen zur Aufgabenstellung zu Rate gezogen werde.

Das Interesse an der Mathematik versuche ich durch handlungs- und anwendungsorientierte Aufgaben zu fördern, so dass ein unmittelbarer Lebensbezug sowie der Stellenwert der Mathematik in unserem Leben deutlich werden. Wie meine bisherigen Erfahrungen in dieser Lerngruppe zeigen, fühlen sich die Schüler durch solche Aufgaben besonders motiviert, da sie hier einen Nutzen und Sinn der Mathematik erkennen. Außerdem können gerade an Anwendungsaufgaben oder Problemen aus dem Alltag die Mathematisierungs- und Problemlösungskompetenz, die im späteren Leben und bei vielen Studiengängen noch eine wichtige Rolle spielen wird, trainiert werden. Die Gruppen- und Partnerarbeit stellt dabei aus Gründen der Heterogenität und im Hinblick auf die moderne Arbeitswelt ein wichtiges Element des Unterrichts dar. Sie bieten die Möglichkeit, die Kooperations-, Kommunikations- und Argumentationsfähigkeit der Schüler zu trainieren.

2. Didaktisch-methodische Überlegungen zur Unterrichtsreihe

Der Rahmenlehrplan Mathematik für die Fachoberschule [7] sieht im Rahmen der Analysis als großes Themengebiet die Differentialrechnung vor, bei dem der Ableitungsbegriff die entscheidende Rolle spielt. Der Ableitungsbegriff ermöglicht es, den Verlauf eines Funktionsgraphen auf Hoch-, Tief- und Wendepunkte zu untersuchen (Kurvendiskussion) und damit eine Lösung für zahlreiche Extremwertprobleme (z.B.: Wie müssen die Abmessungen einer Schachtel bei vorgegebener Oberfläche gewählt werden, damit das Volumen möglichst groß ist ?) zu finden. Gerade die sogenannten Extremwertaufgaben können dazu beitragen, den Schülern die Anwendungsrelevanz der Mathematik durch die Einbindung realitätsbezogener und außermathematischer Problemstellungen aufzuzeigen. So können die Schüler erkennen, dass die Mathematik dazu beiträgt, Probleme aus der beruflichen und alltäglichen Umwelt zu beschreiben[3], was zur höheren Motivation der Schüler beiträgt. Außerdem bietet die Behandlung von Extremwertaufgaben die Möglichkeit, die Mathematisierungs- und Problemlösungskompetenz zu fördern. Eine wichtige Rolle spielt die Differentialrechnung u.a. in den folgenden Bereichen: Physik (Ableitung als Bindeglied zwischen Weg, Geschwindigkeit und Beschleunigung), Wirtschaft (Steuer und Spitzensteuersatz, Optimierungsprobleme), Verpackungsindustrie (Minimierung des Materialverbrauchs), Technik (Brückenbau, Trassierung), Biologie, Chemie, Medizin (Wachstums- und Zerfallsprozesse, Reaktionsgeschwindigkeit), Politik und Sozialwissenschaften (soziographische Entwicklungen).

Nach dem Rahmenlehrplan soll der Mathematikunterricht den Schülern Einblicke in Problemstellungen, Denk- und Arbeitsweisen und Anwendungsmöglichkeiten der Mathematik ermöglichen. Der Anwendungsaspekt, dem auch in dieser Reihe Rechnung getragen werden soll, wird als ein integraler Bestandteil des Mathematikunterrichts angesehen. Die Schüler sollen u.a. befähigt werden, reale Probleme umgangssprachlich und fachsprachlich zu beschreiben, für ein Problem wesentliche Gegebenheiten von unwesentlichen zu unterscheiden, Analogien zu finden und Sachverhalte zweckmäßig zu notieren. Des weiteren sollen die Problemlösefähigkeit, Argumentationsfähigkeit, Selbständigkeit und Selbsttätigkeit sowie die Kooperations- und Kommunikationsfähigkeit gefördert werden. Hierzu kann meines Erachtens die Gruppen- und Partnerarbeit einen entscheidenden Beitrag leisten. Aus zeitlichen Gründen ist es zudem in der Fachoberschule durchaus legitim, an geeigneten Stellen didaktische Vereinfachungen vorzunehmen und auch aus der Anschauung oder durch Plausibilitätsbetrachtungen Sätze abzuleiten, solange nichts verfälscht wird.

Als Einstieg in die Anfang Dezember begonnene Reihe „Differentialrechnung" erhielten die Schüler das Höhenprofil eines Straßenabschnitts, auf dem in letzter Zeit die Unfallzahlen gestiegen waren, und sie sollten in Gruppen – sich in die Rolle eines Auszubildenden beim Landesamt für Stra-

---

[3] vgl. Rahmenlehrplan Mathematik für die Fachoberschule: [7], Seite 5f.

ßen- und Verkehrswesen hinein versetzend – eine Entscheidung darüber treffen, welche Prozentangabe auf ein anzubringendes Schild mit dem Gefahrenhinweis „Steigung" anzubringen sei. Durch das Einzeichnen verschiedener Steigungsdreiecke kamen die Gruppen zu unterschiedlichen Ergebnissen. Es wurde offensichtlich, dass sich die Steigung von Punkt zu Punkt ändert und dass es sinnvoll ist, von der Steigung des Graphen in einem Punkt zu sprechen. Einige Schüler kamen dabei auf die Idee, die Steigung des Graphen in einem Punkt durch das Anlegen einer Geraden zu bestimmen, die sich dem Graphen „anschmiegt". Die Steigung dieser Geraden (Tangente) konnte über ein Steigungsdreieck bestimmt werden und wurde als Ableitung an der entsprechenden Stelle bezeichnet. Dieses Verfahren des „graphischen Differenzierens" wurde anschließend zur Bestimmung der Steigungen von Graphen in vorgegebenen Punkten benutzt. Dabei fiel den Schülern bald auf, dass das zeichnerische Differenzieren relativ ungenau ist, und sie fragten nach einer rechnerischen Methode zur Bestimmung der Ableitung. Am Beispiel der Funktion $f(x) = x^2$ wurde schließlich das rechnerische Verfahren erarbeitet. Die Ableitung (Tangentensteigung) ergibt sich dabei als Grenzlage der Sekanten. Nach Einführung der Ableitungsregeln wurde zur Vertiefung die sogenannte Krateraufgabe behandelt, bei der die Schüler überprüfen sollten, ob ein Fahrzeug mit vorgegebener Steigungsfähigkeit den Rand des Kraters von der Kratersohle aus erreichen kann. Um den Ableitungsbegriff sinnstiftend zu verankern und den Schülern bereits frühzeitig den Anwendungsbezug der Differentialrechnung aufzuzeigen, wurden die Kriterien für Extremstellen an einer relativ einfachen und praxisrelevanten Extremwertaufgabe (Bestimmung der Maße einer Schachtel mit größtmöglichem Volumen) erarbeitet. Diese Vorgehensweise sollte die Schüler stärker motivieren und dazu beitragen, dass sie einen Sinn im Finden des Maximums oder Minimums einer Funktion sehen (*Problemorientierung*). So erhielten die Schüler den Arbeitsauftrag, in Gruppen aus einem herkömmlichen DIN-A4-Blatt eine oben offene Schachtel mit möglichst großem Volumen herzustellen (*Handlungsorientierung*). Die gebastelten Schachteln wurden miteinander verglichen und die zugehörige Volumina nach Ausmessen der Seitenlängen berechnet. Nach Sammeln der voneinander abhängigen Größen Einschnitttiefe x und Volumen V(x) in einer Tabelle äußerten die Schüler Vermutungen über den Kurvenverlauf. Daraufhin wurde die Funktionsgleichung entwickelt und der Graph mittels eines Funktionsplotters dargestellt. Anhand des Graphen wurde nun erarbeitet, dass die Steigung und damit die Ableitung in einem Hoch- bzw. Tiefpunkt den Wert 0 besitzen muss (notwendiges Kriterium), womit nun eine rechnerische und exakte Lösung des Problems möglich war. Durch das zusätzliche Einzeichnen des Graphens der 1. und 2. Ableitungsfunktion konnten auf anschauliche Weise dann auch das hinreichende Kriterium hergeleitet werden. Nach Einführung der Wendepunkte und einigen Übungsaufgaben waren die Schüler dann in der Lage, eine vollständige Kurvendiskussion durchzuführen. Nachdem nun die Grundlagen der Differentialrechnung parat sind, schließt sich die Behandlung weiterer Extremwertprobleme an, bei denen die Mathematisierung realer Problemstellungen in den Vordergrund rückt. Wie man eine Extremwertaufgabe prinzipiell löst, wurde an einigen zweidimensionalen Beispielen bereits in den letzten Stunden thematisiert. Als Anwendungsbezug für die Schüler der Fachrichtung Agrar wurde hier u.a. das Problem der Weideeinzäunung thematisiert: Welche Abmessungen muss man einer rechteckigen Weide geben, damit bei vorgegebener Zaunlänge die Weidefläche maximal wird ?

4

3. Didaktisch-methodische Überlegungen zur Unterrichtsstunde

Die geplante Doppelstunde steht im Gesamtkontext „Extremwertaufgaben" – einem wichtigen Anwendungsfeld der Differentialrechnung. Am Beispiel der Oberflächenminimierung zylinderförmiger Behälter bei vorgegebenem Inhalt sollen die Schüler eine realistische Problemstellung mathematisieren und mit Hilfe der Differentialrechnung die Abmessungen einer optimalen Dose ausfindig machen. Dabei sollen sie das bisher zur Lösung von zweidimensionalen Extremwertaufgaben entwickelte Verfahren auf ein räumliches Problem anwenden. Die gefundenen Lösungen sollen mit realen Dosen verglichen und mögliche Abweichungen von den Schülern diskutiert werden. Die entscheidende Erkenntnis für die Schüler ist, dass bei jeder optimierten Dose, d.h. einer Dose mit minimalen Materialverbrauch, Durchmesser und Höhe gleich groß bzw. bei jedem optimierten zylinderförmigen Behälter ohne Deckel Radius und Höhe gleich groß sein müssen. Die Mathematik soll dabei als ein wesentliches Hilfsmittel zur Lösung realer Optimierungsprobleme erkannt werden. Bei der Dosenoptimierung handelt es sich um ein anwendungsorientiertes und im Sinne von Blum (*siehe [2]*) relevantes Problem, denn die Minimierung von Verpackungsaufwand und Materialkosten spielt sowohl für den Umweltschutz als auch für betriebswirtschaftliche Überlegungen eine wichtige Rolle. Nicht umsonst sind Dosen und das Dosenpfand auch Gegenstand der aktuellen Diskussion. Dies dürfte den Schüler die Identifizierung mit dem Problem erleichtern[4]. Da sie sich bisher durch Aufgaben mit Anwendungs- und Alltagsbezug besonders angesprochen fühlten (siehe 1.), erwarte ich außerdem eine hohe Motivation der Schüler, zumal auch außermathematische Fragestellungen wie die Minimierung des Verpackungsmülls und der Umgang mit der Natur diskutiert werden können.

Zur Aufstellung der Zielfunktion werden die Oberflächenformel (Extremalbedingung: $O = 2\pi rh + 2\pi r^2$) und die Volumenformel (Nebenbedingung: $V = \pi r^2 h$) für Zylinder benötigt, welche die Schüler einer von mir ausgeteilten Formelsammlung entnehmen können[5]. Löst man die Nebenbedingung nach h auf und setzt sie in die Extremalbedingung ein, so erhält man die Zielfunktion:

$$O = \frac{2V}{r} + 2\pi r^2.$$

Bildet man die 1. Ableitung und setzt diese gleich Null, so erhält man die mögliche Extremstelle:

$$O' = -\frac{2V}{r^2} + 4\pi r = 0 \quad \Rightarrow \quad r = \sqrt[3]{\frac{V}{2\pi}} \ .$$

Durch Einsetzten in die 2. Ableitung O'' findet man heraus, dass an dieser Stelle ein Minimum vorliegt. Damit ist der optimale Radius der Dose gefunden, über den man schließlich auch die optimale Höhe und den minimalen Materialbedarf berechnen kann.

Zu Beginn der Stunde werde ich einige mitgebrachte Getränke- und Konservendosen auf das Lehrerpult stellen und die Schüler darüber informieren, dass wir uns in der heutigen Stunde mit der Dosenherstellung beschäftigen werden. Anschließend werde ich die Schüler bitten, sich in einer kurzen Partnerarbeit Kriterien zu überlegen, die für die Dosenform relevant sein könnten. Die Partnerarbeit hat dabei den Vorteil, dass alle Schüler dieser heterogenen Gruppe in Ruhe Überlegungen

---

[4] vgl. [8], S. 145: „Je realistischer und relevanter eine Anwendungsaufgabe ist, desto mehr sind Schüler bereit, sich im Unterricht zu engagieren."
[5] Die Behandlung dieser Formeln liegt für viele Schüler schon mehrere Jahre zurück, so dass nicht davon auszugehen ist, dass sie bei allen Schülern noch präsent sind.

anstellen und diese austauschen und diskutieren können. Mögliche Antworten könnten sein: Inhalt der Dosen, Design, handliches Format, Stapelbarkeit, Stabilität, möglichst geringer Materialverbrauch (Umwelt- und Kostenaspekt), etc. Der letzte Aspekt könnte auch über die aktuelle Marktsituation, in der der Kunde sehr auf die Preise bedacht ist, oder einen Verweis auf die bereits behandelte Schachtelaufgabe angeregt werden. Da die genannten Aspekte bei einer Diskussion am Ende der Problemlösung (Vergleich handelsüblicher Dosen mit der optimalen Dose) wieder aufgegriffen werden können, werde ich sie auf einer Folie fixieren. Dann werde ich die Frage aufwerfen, welchen dieser Punkte wir hier im Mathematikunterricht näher beleuchten könnten. Dabei erwarte ich, dass von den Schülern der Materialverbrauch bzw. seine Minimierung angesprochen wird. In diesem Zusammenhang soll zunächst thematisiert werden, aus welchem Material Dosen hergestellt werden, welche geometrische Form die Dosen angenähert aufweisen, welche mathematische Größe den Materialbedarf beschreibt (→ Oberfläche), woraus sie sich zusammensetzt und wovon der Materialbedarf letztlich abhängt (→ Radius und Höhe). Sollten hierbei Schwierigkeiten auftreten, so kann der Einsatz eines Zylindermodells weiterhelfen.

Zur Konkretisierung des Problems werde ich nun folgende Fragestellung an der Tafel notieren: Ein Lebensmittelhersteller möchte eine Konservendose mit 500 ml Inhalt auf den Markt bringen. Wie müssen Radius und Höhe gewählt werden, damit der Materialverbrauch (= Oberfläche) möglichst gering ist. Nachdem die Problemstellung formuliert ist, werde ich die Schüler fragen, um welchen Typ von Aufgabe es sich hierbei handelt. Da die Schüler mit dem Lösen von Extremwertaufgaben bereits vertraut sind, werde ich sie bitten, in Partnerarbeit die Extremalbedingung und die Nebenbedingung ausfindig zu machen und damit die Zielfunktion aufzustellen. Die Partnerarbeit ziehe ich hier dem sofortigen Unterrichtsgespräch vor, um möglichst allen Schülern die Möglichkeit zu geben, sich intensiv mit der Fragestellung auseinander zu setzen und eigenständig zu Ergebnissen zu gelangen. Andernfalls bestände die Gefahr, dass die leistungsstärkeren Schüler (*siehe 1.*) den schwächeren Schülern ihr Lerntempo aufzwingen könnten. Als mögliche Veranschaulichungshilfe können die mitgebrachten Dosen dienen. Die so erarbeiteten Ergebnisse werden an der Tafel gesammelt, so dass letztlich alle Schüler die gleiche Basis zur Bestimmung der Extremstelle haben.

Alternativ zu dieser Vorgehensweise könnte man in einer leistungsstarken Mathematikklasse (z.B. in einer Gymnasialklasse) die Problemlösung von der Ausgangsfragestellung bis zur Angabe der optimalen Maße in heterogen zusammengesetzten Gruppen erarbeiten lassen. In dieser Klasse birgt dieses Vorgehen jedoch zwei Risiken. Zum einen könnten einige Schüler hier überfordert und damit demotiviert werden, da sowohl Extremal- als auch Nebenbedingung komplizierter als bei den bisherigen Extremwertproblemen sind und eine nicht oder falsch gekürzte Zielfunktion die Lösungsfindung erschweren würde. Das zusätzliche Auftreten von π neben den beiden Variablen r und h könnte bei einigen Schülern Verwirrung stiften. Zum anderen stellt sich hier erstmals die Frage, nach welcher der beiden Variablen r oder h die Nebenbedingung aufgelöst werden soll, um letztlich die Zielfunktion zu erhalten. Prinzipiell kann man die Nebenbedingung sowohl nach r als auch nach h auflösen, das Auflösen nach h hat aber einen entscheidenden Vorteil, da die Zielfunktion dann keine Wurzel enthält. Die Behandlung von Wurzelfunktionen ist in der Fachoberschule nicht vorgesehen, so dass das Auflösen nach h zunächst in eine Sackgasse führen und die Lösung unnötig komplizierter machen würde. Darüber hinaus ist die Zielfunktion eine gebrochen-rationale Funktion, deren Ableitung bisher nur am Rande behandelt wurde. Daher habe ich mich in Anbetracht der Lerngruppe für ein kleinschrittiges Vorgehen entschieden, bei der das Auflösen nach h oder r im Plenum diskutiert und somit unnötigen Frustrationen vorgebeugt werden kann. Da vielen Schülern die Mathematisierung realer Sachverhalte schwer fällt, wird hier vermutlich eine relativ enge Unterrichtsführung notwendig sein.

Sobald die Zielfunktion erarbeitet ist, erhalten die Schüler den Arbeitsauftrag, die optimalen Maße mit den Mitteln und Kriterien der Differentialrechnung und damit auch den minimalen Bedarf an Weißblech zu bestimmen. Da das Lösungsverfahren anhand der vorherigen Extremwertaufgaben eingeübt wurde, sollten die Schüler hier durch gegenseitige Hilfe eigenständig zu einer Lösung gelangen, die im folgenden vorgestellt werden soll. Schnellere Schüler werde ich dabei bitten, ihre Ergebnisse für eine anschließende Präsentation auf eine Folie zu übertragen und u.U. langsamere und schwächere Schüler in ihrem Problemlösungsprozess zu unterstützen.

In der folgenden Übungsphase sollen die Schüler den Lösungsweg zur Sicherung nochmals an weiteren Beispielen aktiv nachvollziehen. So erhalten sie – auf einem Arbeitsblatt schriftlich fixiert – den Auftrag, in Gruppen der Stärke 3 bis 5 Schüler arbeitsteilig[6] für verschiedene Flüssigkeitsmengen die Abmessungen der optimalen Dose zu bestimmen und mit den Maßen handelsüblicher Dosen mit demselben Füllinhalt zu vergleichen. Zu diesem Zweck werde ich jeder Gruppe eine entsprechende Dose zur Verfügung stellen, deren Abmessungen mit einem Lineal ermittelt werden können. Gleichzeitig sollen die Gründe für mögliche Abweichungen diskutiert und die möglichen Materialeinsparungen berechnet werden. Ein arbeitsteiliges Vorgehen für verschiedene Produkte (Red-Bull-Dose[7], Cola-Dose, Mais-Dose, Milch-Dose) ermöglicht es, in relativ kurzer Zeit verschiedene Werte zu sammeln und von diesen später auf den allgemeinen Zusammenhang „Höhe gleich Durchmesser" für eine optimale Dose zu schließen. Die Schüler sollen sich innerhalb der Gruppe unterstützen und bei Problemen oder etwaigen Verständnisschwierigkeiten gegenseitig weiterhelfen. Da bei der Lösung nicht mit außergewöhnlichen Schwierigkeiten zu rechnen ist, werde ich die Gruppenbildung weitgehend den Schülern überlassen. Nach meinen bisherigen Erfahrungen bilden sich dann ohnehin hinreichend heterogene Gruppen, in denen gegenseitige Hilfestellungen möglich sind.

Im Anschluss an diese Phase sollen die Gruppen ihre Ergebnisse präsentieren und dabei einen Vergleich mit den realen Dosen anstellen. Bei der Diskussion über Abweichungen können auch die zu Beginn der Stunde gesammelten Kriterien wieder aufgegriffen werden. Außerdem werde ich jede Gruppe bitten, die Abmessungen der optimalen Dose in Abhängigkeit vom Füllinhalt in einer Tabelle der folgenden Form an der Tafel einzutragen:

Volumen	Radius $r_{optimal}$	Höhe $h_{optimal}$
170 ml	3 cm	6 cm
250 ml	3,41 cm	6,83 cm
330 ml	3,75 cm	7,49 cm
425 ml	4,08 cm	8,15 cm
850 ml	5,13 cm	10,27 cm

---

[6] Durch das arbeitsteilige Vorgehen können alle Gruppen etwas zur Lösungsfindung beitragen.
[7] Diese Erfrischungsgetränk-Dose ist nicht optimiert: Durch ihre schlanke Form soll das Produkt als jung-dynamisch vermarktet werden. Bei der Cola-Dose hält sich die Abweichung von der Optimalform hingegen in Grenzen (ca. 2%, vgl. [1], S. 216). Die Maße vieler Konservendosen stimmen mit den optimalen Abmessungen relativ gut überein.

Sollten sich die Schüler nicht spontan zur Tabelle äußern, werde ich sie auffordern, die Tabelle nach Auffälligkeiten zu untersuchen. Ich erwarte, dass sie so empirisch[8] auf die allgemeine Bedingung „h = 2r" für eine optimale Dose stoßen, womit die Untersuchung von Dosen abgeschlossen ist. Die Tabelle und die daraus abgeleitete Bedingung soll als Ergebnissicherung ins Heft übertragen werden. Falls von den Schülern angesprochen[9], kann an dieser Stelle auch über die Modellbildung und ihre Grenzen diskutiert werden: So wurde zu Beginn der Betrachtungen vereinfachend angenommen, dass es sich bei der Dose um einen Zylinder mit der Oberfläche $O = 2\pi rh + 2\pi r^2$ handelt. In Wirklichkeit liegt der Materialbedarf für die Herstellung einer Dose um ca. 15% höher, da bei der Vereinfachung die Bördelkante der Dose, die Falzzusätze sowie die Materialverluste beim Ausstanzen (Verschnitt) nicht berücksichtigt wurden. Sollte noch genügend Zeit zur Verfügung stehen, könnte man die Schüler den Bedarf an Weißblech für eine Dose einschließlich dieser 15% berechnen lassen.

Zur Vertiefung sollen die Schüler in Partnerarbeit der folgenden Problemstellung nachgehen: Ein Unternehmen möchte für Flüssigkeiten ein zylinderförmiges Gefäß ohne Deckel auf den Markt bringen. Das Fassungsvermögen soll 200 ml betragen. Wie müssen Radius und Höhe des oben offenen Zylinders gewählt werden, damit der Materialverbrauch möglichst gering ist ? Wie groß ist dann der Materialbedarf pro Gefäß ? Hierbei handelt es sich um eine leichte Modifikation der bisherigen Betrachtungen. Die Lernenden müssen dabei erkennen, dass in die Oberfläche nicht mehr zwei Kreisflächen sondern nur noch eine Kreisfläche einfließt. Die Formel für die Oberfläche lautet damit: $O = 2\pi rh + \pi r^2$. Die übrigen Überlegungen sind analog zur Betrachtung eines geschlossenen zylinderförmigen Behälters, weshalb bei mangelnder Zeit die Berechnung der optimalen Abmessungen auch die Hausaufgabe bilden könnte. Bei einer Bearbeitung noch innerhalb der Doppelstunde werde ich einen schnelleren Schüler bitten, den Rechenweg für eine spätere Präsentation auf eine Folie zu übertragen.

Da bei der Lösung dieses Problems Radius und Höhe den gleichen Wert haben, liegt die Vermutung nahe, dass dies – wie bei den Dosen – für alle zylinderförmigen Behälter ohne Deckel der Fall sein könnte. Sollte noch genügend Zeit zur Verfügung stehen, so soll dies für weitere Füllinhalte überprüft werden. Dies könnte auch die Hausaufgabe für die nächste Stunde bilden.

4. Ausblick

Je nach Stundenende werden zu Beginn der nächsten Stunde die noch ausstehenden Ergebnisse miteinander verglichen. Falls noch nicht geschehen soll auf empirische Weise gezeigt werden, dass bei einem zylinderförmigen Behälter ohne Deckel der Materialbedarf dann minimal ist, wenn Höhe und Radius des Behälters gleich groß sind oder – anders ausgedrückt – die Höhe halb so groß wie der Durchmesser des Behälters ist. Hieran schließt sich zum Abschluss der Differentialrechnung die Behandlung einiger weiterer Extremwertaufgaben an[10], bevor die Integralrechnung behandelt wird.

---

[8] Der entsprechende Zusammenhang könnte über eine allgemeine Betrachtungsweise auch bewiesen werden, was jedoch hohe Anforderungen an das Abstraktionsvermögen voraussetzt und weniger anschaulich ist. Aus zeitlichen Gründen kann man an dieser Stelle bewusst darauf verzichtet werden.

[9] Laut Rahmenlehrplan ist es in der Fachoberschule durchaus legitim, Vereinfachungen vorzunehmen und erst bei eventuellen Schülerfragen den Sachverhalt zu problematisieren und die Vereinfachung bewusst zu machen (vgl. [7], S. 7).

[10] Beispielsweise kann man auch die umgekehrte Fragestellung betrachten: Für die Herstellung einer Konservendose stehen 600 cm² Blech zur Verfügung. Welche Maße muss die Dose haben, damit das Volumen möglichst groß ist ?

5. Lernziele und geplanter Stundenverlauf im Überblick

Lernziele der Stunde

Die Schüler sollen:

Z1: ... durch den Realitäts- und Anwendungsbezug motiviert werden.

Z2: ... ihre Kommunikations- und Argumentationsfähigkeit verbessern.

Z3: ... mögliche Kriterien angeben können, die bei der Produktion von Dosen (Dosenform) eine Rolle spielen.

Z4: ... die Problemstellung, mit möglichst wenig Material eine Dose mit vorgegebenem Inhalt herzustellen, mathematisieren können und erkennen, dass es sich hierbei um eine Extremwertproblem handelt.

Z5: ... die für die Lösung der Aufgabe relevanten Bedingungen aus der Problemstellung herausfiltern und die entsprechenden Formeln der Formelsammlung entnehmen können.

Z6: ... das bisher zur Lösung von zweidimensionalen Extremwertaufgaben entwickelte Verfahren auf die Oberflächenminimierung von Dosen anwenden können.

Z7: ... sich bei eventuell auftretenden Schwierigkeiten gegenseitig weiterhelfen (Förderung der Kooperationsfähigkeit).

Z8: ... das mathematische Ergebnis in Bezug auf die Problemstellung interpretieren können.

Z9: ... herausfinden, dass die berechneten optimalen Werte nicht immer mit den Abmessungen handelsüblicher Dosen übereinstimmen und Gründe für mögliche Abweichungen in den Gruppen diskutieren und nennen können.

Z10: ... erkennen, dass bei optimierten Dosen Durchmesser und Höhe gleich groß sind.

Z11: ... die Mathematik als wichtiges Hilfsmittel zur Lösung praxisrelevanter Optimierungsprobleme erfahren.

Z12: ... die Lösungsweg auf eine ähnliche Fragestellung übertragen können.

Z13: ... herausfinden, dass bei optimierten zylinderförmigen Behältern ohne Deckel Radius und Höhe gleich groß sind (eventuell erst in der nächsten Stunde).

Geplanter Stundenverlauf:

Phasen	Inhalt	Sozialform	Medien	Lernziele
Einstieg/ Motivation	L stellt verschiedene Dosen auf den Tisch und informiert die Schüler über das Stundenthema „Dosenherstellung".		Dosen	Z1
	Die Schüler erhalten den Auftrag, mögliche Kriterien für die Dosenform zu sammeln.	Partnerarbeit		Z2, Z3
Problemstellung	Die Kriterien werden auf einer Folie fixiert. Zunächst wird die mathematische Problemstellung „Minimierung des Materialbedarfs" weiterverfolgt.	L-S-Gespräch	Folie	
	Die Schüler erfassen das Problems und benennen die mathematisch relevanten Größen (Extremwertaufgabe).			Z4, Z11
	L konkretisiert die Problemstellung: Ein Lebensmittelhersteller möchte eine Konservendose mit 500 ml Inhalt auf den Markt bringen. Wie müssen Radius und Höhe gewählt werden, damit der Materialverbrauch minimal ist ?		Tafel	
1. Erarbeitungsphase	Die Schüler stellen die Extremal- und Nebenbedingung sowie die Zielfunktion auf.	Partnerarbeit	Hefte	Z2, Z5, Z7
	Die Bedingungen werden vorgestellt, diskutiert und festgehalten.	S-Vortrag L-S-Gespräch	Tafel	
2. Erarbeitungsphase	Die Schüler lösen die Extremwertaufgabe mit den Mitteln der Differentialrechnung, indem sie die zuvor aufgestellte Zielfunktion diskutieren.	Partnerarbeit	Hefte	Z2, Z6, Z7, Z8, Z11
Ergebnissicherung	Ein bis zwei Schüler stellen ihren Lösungsweg vor, die anderen vergleichen.	Schüler-Vortrag	Folie	
Übungs-, Festigungs- und 3. Erarbeitungsphase	Die Schüler übertragen den Lösungsweg zur Berechnung der optimalen Dosenform für vorgegebene Füllinhalte. Die berechneten Werte werden mit den Maßen der vorhandenen Dosen verglichen, eventuelle Abweichungen werden dabei diskutiert und die mögliche Materialersparnis wird berechnet.	Gruppenarbeit	Arbeitsblatt, Hefte, Dosen	Z2, Z6, Z7, Z8, Z9, Z11
Auswertungsphase und Ergebnissicherung	Die einzelnen Gruppen stellen ihre Ergebnisse vor. Die optimalen Abmessungen werden in eine Tabelle eingetragen und daraus die für optimale Dosen notwendige Beziehung „$h = 2r$" abgeleitet.	S-Vortrag L-S-Gespräch	Tafel	Z2, Z10, Z11
	Die Schüler übernehmen die Tabelle in ihr Heft.		Hefte	
Vertiefungsphase	L stellt ein neues, ähnliches Problem, bei dem der Materialbedarf für einen zylinderförmigen Behälter ohne Deckel minimiert werden soll.		Tafel	Z12, Z7, Z2, Z11
	Die Schüler erarbeiten die neue Extremalbedingung und berechnen die optimalen Abmessungen. Die Ergebnisse werden auf einer Folie festgehalten und präsentiert.	Partnerarbeit S-Vortrag	Hefte Folien	
evtl. als Hausaufgabe	Die Schüler berechnen die optimalen Maße für weitere Füllmengen.		Hefte	Z12, Z13

Literaturverzeichnis:

[1] Bigalke, A., Köhler, N.: Mathematik 11 (Hessen). Cornelsen Verlag, Berlin 2001

[2] Blum, W., Kirsch, A.: Anschaulichkeit und Strenge in der Analysis IV. Der Mathematikunterricht, Jahrgang 25, Heft 3, 1979, Ernst Klett Verlag, Stuttgart 1979

[3] Buck, H. u.a.: Lambacher Schweizer Analysis. Mathematisches Unterrichtswerk für das Gymnasium Ausgabe A. Ernst Klett Verlag, Stuttgart 2000

[4] Füssel, K., Jansen, R., Schwermann, K.: Mathematik für Fachoberschulen (8. Auflage). Verlag H. Stam GmbH, Köln-Porz 1986

[5] Griesel, H., Postel, H.: Elemente der Mathematik 11. Einführung in die Analysis. Schroedel Verlag, Hannover 2001

[6] Griesel, H., Postel, H.: Mathematik heute. Einführung in die Analysis I. Schroedel Schulbuchverlag, Hannover 1988

[7] Hessischer Kultusminister (Hrsg.): Rahmenlehrplan für die beruflichen Schulen des Landes Hessen: Fachoberschule Mathematik. Verlag Moritz Diesterweg, Frankfurt 1979

[8] Tietze, U.-P., Klika, M., Wolpers, H.: Mathematikunterricht in der Sekundarstufe II. Band 1: Fachdidaktische Grundfragen – Didaktik der Analysis. Vieweg Verlag, Braunschweig/Wiesbaden 1997

[9] Wittmann, E.: Grundfragen des Mathematikunterrichts. Vieweg Verlag, Braunschweig 1981

Dosenherstellung – mathematisch betrachtet

Gruppe 1

Ein Getränkehersteller möchte ein neues Erfrischungsgetränk auf den Markt bringen. Dieses soll in einer zylinderförmigen Dose aus Weißblech mit 250ml Füllinhalt angeboten werden. Die Dose soll möglichst umweltfreundlich und kostengünstig produziert werden, so dass das neue Produkt sich auf dem konkurrierenden Markt behaupten kann.

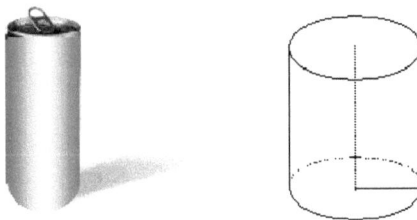

1. Wie müssen Radius und Höhe der Dose gewählt werden, damit der Materialbedarf pro Dose minimal wird ?

2. Vergleicht eure gefundenen Werte mit den Abmessungen der bereitgestellten handelsüblichen Erfrischungsgetränkdose mit dem gleichen Füllinhalt. Überlegt euch Gründe für eventuelle Abweichungen von der Optimalform. Wie viel Material könnte man gegebenenfalls einsparen ?

Dosenherstellung – mathematisch betrachtet

Gruppe 2

Ein Getränkehersteller möchte ein neues Erfrischungsgetränk auf den Markt bringen. Dieses soll in einer zylinderförmigen Dose aus Weißblech mit 330ml Füllinhalt angeboten werden. Die Dose soll möglichst umweltfreundlich und kostengünstig produziert werden, so dass das neue Produkt sich auf dem konkurrierenden Markt behaupten kann.

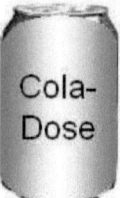 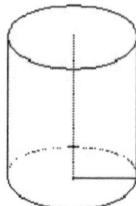

1. Wie müssen Radius und Höhe der Dose gewählt werden, damit der Materialbedarf an Weißblech pro Dose minimal wird?
2. Vergleicht eure gefundenen Werte mit den Abmessungen einer handelsüblichen Cola-Dose mit dem gleichen Füllinhalt. Überlegt euch Gründe für eventuelle Abweichungen von der Optimalform. Wie viel Material könnte man gegebenenfalls einsparen?

Dosenherstellung – mathematisch betrachtet
Gruppe 3

Ein Lebensmittelhersteller möchte eine zylinderförmige Konservendose für Mais möglichst kostengünstig und umweltfreundlich produzieren. Die Dose soll einen Füllinhalt von 425ml haben.

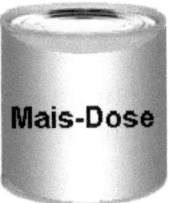 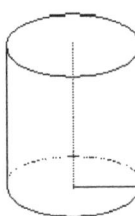

1. Wie müssen Radius und Höhe der Dose gewählt werden, damit der Materialbedarf an Weißblech pro Dose minimal wird?
2. Vergleicht eure gefundenen Werte mit den Abmessungen einer handelsüblichen Konservendose für Mais mit dem gleichen Füllinhalt. Überlegt euch Gründe für eventuelle Abweichungen von der Optimalform. Wie viel Material könnte man gegebenenfalls einsparen?

Dosenherstellung – mathematisch betrachtet

Gruppe 4

Ein Lebensmittelhersteller möchte eine zylinderförmige Konservendose für 170ml Kondensmilch möglichst kostengünstig und umweltfreundlich produzieren.

 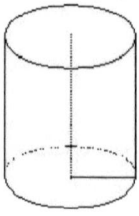

1. Wie müssen Radius und Höhe der Dose gewählt werden, damit der Materialbedarf an Weißblech pro Dose minimal wird?

2. Vergleicht eure gefundenen Werte mit den Abmessungen einer handelsüblichen Dose für Kondensmilch mit dem gleichen Füllinhalt. Überlegt euch Gründe für eventuelle Abweichungen von der Optimalform. Wie viel Material könnte man gegebenenfalls einsparen?

Dosenherstellung – mathematisch betrachtet
Gruppe 5

Ein Lebensmittelhersteller möchte eine zylinderförmige Dose für 850ml Sauerkraut auf den Markt bringen. Die Dose soll möglichst umweltfreundlich und kostengünstig produziert werden, so dass das neue Produkt sich auf dem konkurrierenden Markt behaupten kann. Wie müssen Radius und Höhe der Dose gewählt werden, damit der Materialbedarf an Weißblech pro Dose minimal wird?

 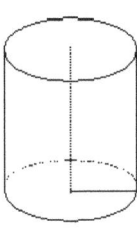

1. Wie müssen Radius und Höhe der Dose gewählt werden, damit der Materialbedarf an Weißblech pro Dose minimal wird?
2. Vergleicht eure gefundenen Werte mit den Abmessungen einer handelsüblichen Dose für Sauerkraut mit dem gleichen Füllinhalt. Überlegt euch Gründe für eventuelle Abweichungen von der Optimalform. Wie viel Material könnte man gegebenenfalls einsparen?

Zylinderförmige Gefäße ohne Deckel

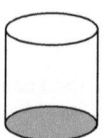

Ein Unternehmen möchte für Flüssigkeiten ein zylinderförmiges Gefäß ohne Deckel auf den Markt bringen. Das Fassungsvermögen soll 200ml betragen.

Wie müssen Radius und Höhe des oben offenen Zylinders gewählt werden, damit der Materialverbrauch möglichst gering ist ? Wie groß ist dann der Materialbedarf pro Gefäß ?

Zylinderförmige Gefäße ohne Deckel

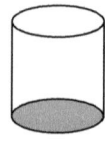

Ein Unternehmen möchte für Flüssigkeiten ein zylinderförmiges Gefäß ohne Deckel auf den Markt bringen. Das Fassungsvermögen soll 200ml betragen.

Wie müssen Radius und Höhe des oben offenen Zylinders gewählt werden, damit der Materialverbrauch möglichst gering ist ? Wie groß ist dann der Materialbedarf pro Gefäß ?

Materialverbrauch für eine Dose mit 170ml Füllinhalt in Abhängigkeit vom Radius der Dose

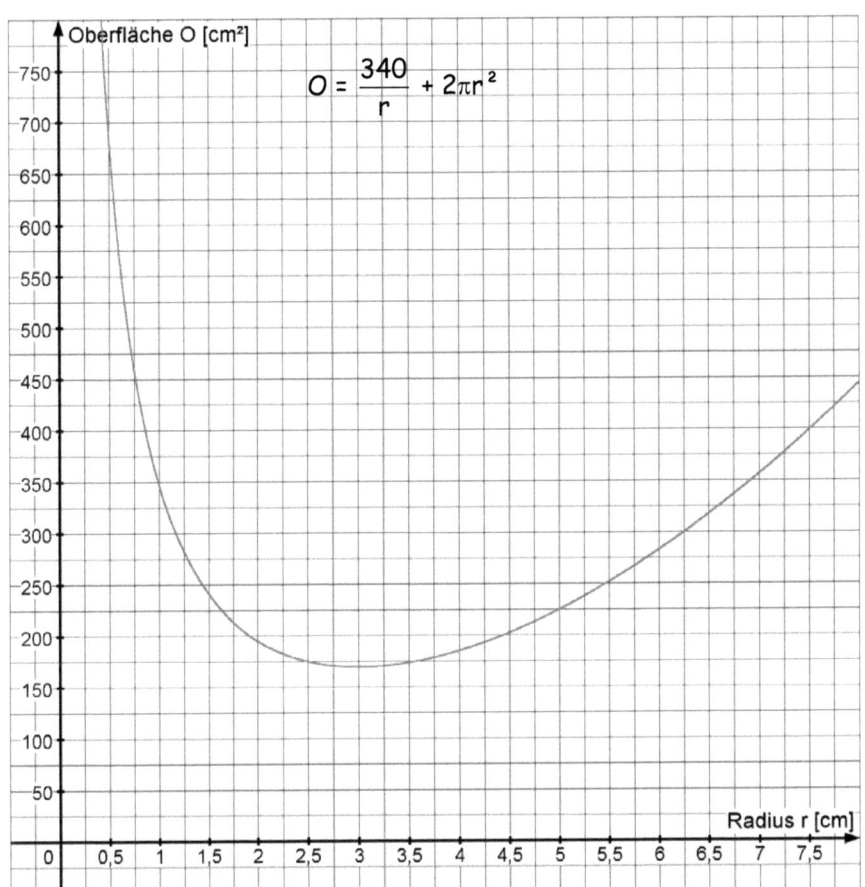

Materialverbrauch für eine Dose mit 250ml Füllinhalt
in Abhängigkeit vom Radius der Dose

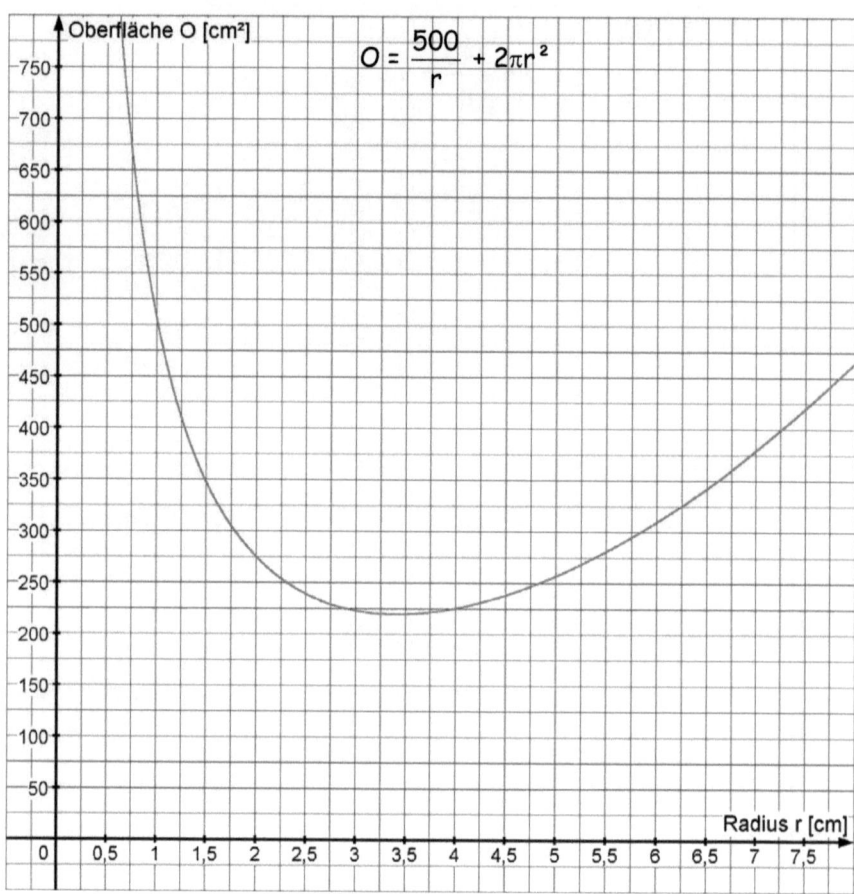

$$O = \frac{500}{r} + 2\pi r^2$$

Oberfläche O [cm²]

Radius r [cm]

Materialverbrauch für eine Dose mit 330ml Füllinhalt in Abhängigkeit vom Radius der Dose

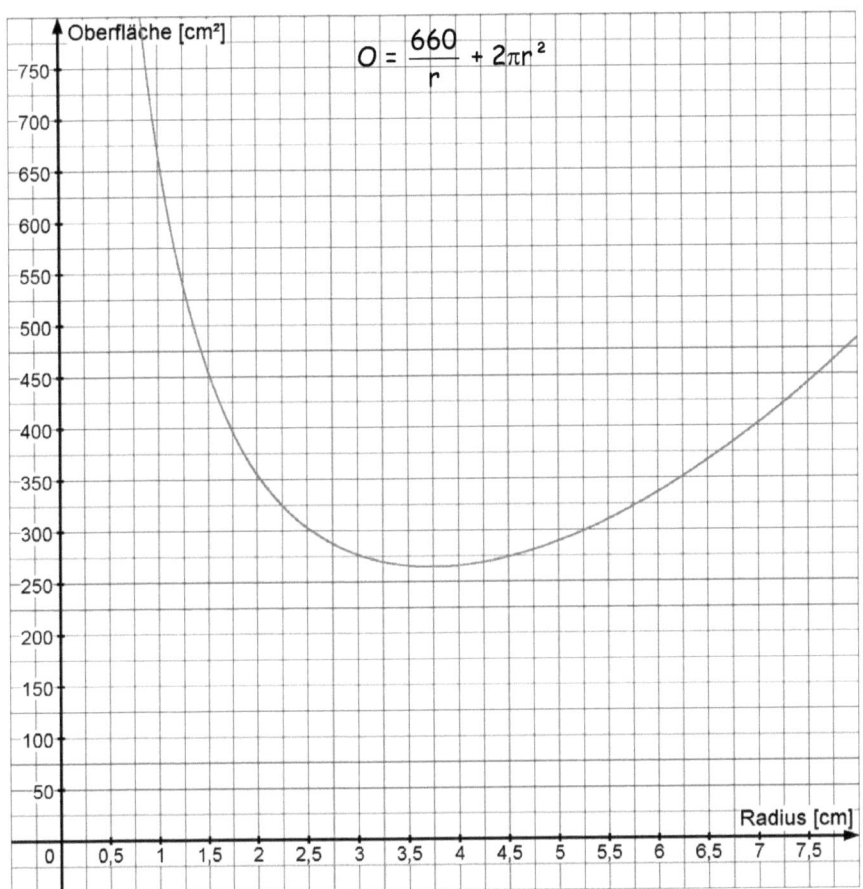

Materialverbrauch für eine Dose mit 425ml Füllinhalt in Abhängigkeit vom Radius der Dose

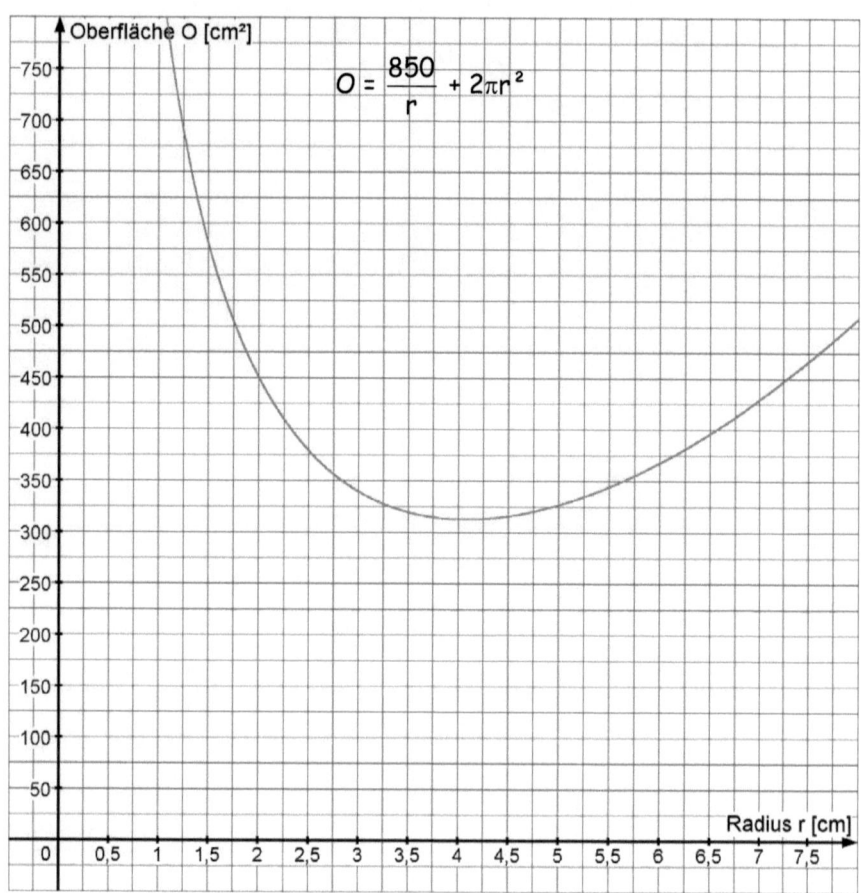

$$O = \frac{850}{r} + 2\pi r^2$$

Oberfläche O [cm²]

Radius r [cm]

Materialverbrauch für eine Dose mit 850ml Füllinhalt
in Abhängigkeit vom Radius der Dose

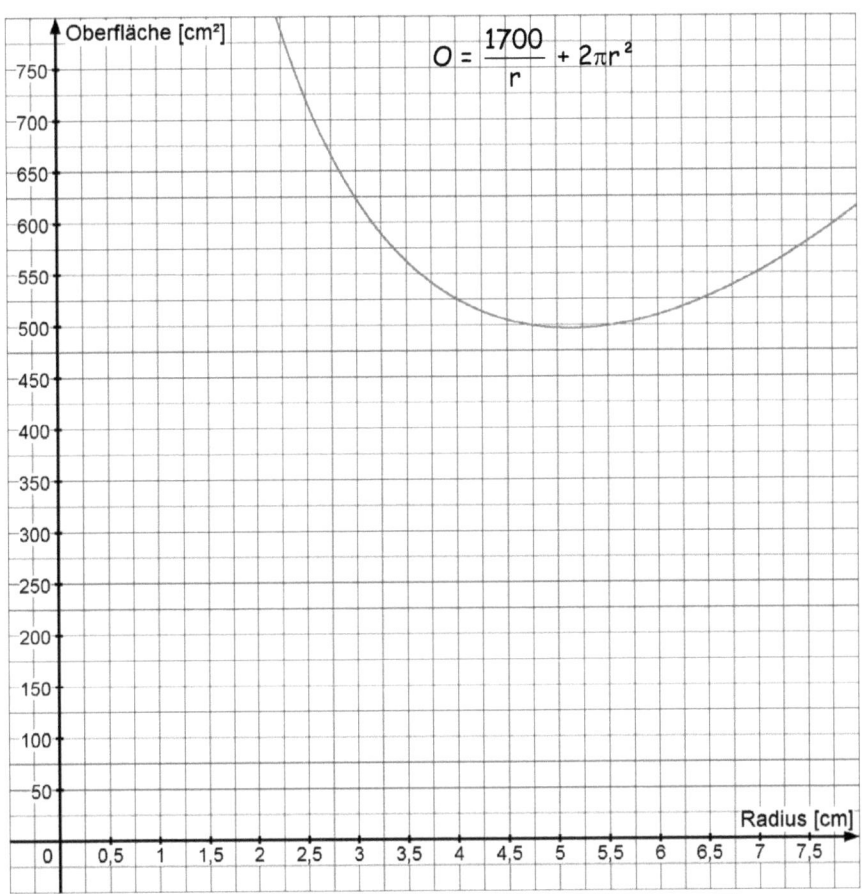

$$O = \frac{1700}{r} + 2\pi r^2$$